Abdul Mateen Samsor

Desafios e perspectivas da implementação da administração pública eletrónica no Afeganistão

Abdul Mateen Samsor

Desafios e perspectivas da implementação da administração pública eletrónica no Afeganistão

Publisher:
Sciencia Scripts
is a trademark of
Dodo Books Indian Ocean Ltd. and OmniScriptum S.R.L publishing group

120 High Road, East Finchley, London, N2 9ED, United Kingdom
Str. Armeneasca 28/1, office 1, Chisinau MD-2012, Republic of Moldova, Europe
Printed at: see last page
ISBN: 978-620-7-73067-4

Desafios e perspectivas da implementação da administração pública eletrónica no Afeganistão

Por Abdul Mateen Samsor

ÍNDICE DE CONTEÚDOS

Desafios e perspectivas da implementação da administração pública eletrónica no Afeganistão

RESUMO

O objetivo do estudo é identificar os desafios e as barreiras à implementação do governo eletrónico em países em desenvolvimento e em situação de pós-conflito, relacionados com obstáculos organizacionais, de TIC e sociais, que são comuns em países em desenvolvimento como o Afeganistão. O governo eletrónico é uma parte importante do mundo de hoje, proporcionando um acesso conveniente a diferentes serviços que permitem aos cidadãos, aos governos e à comunidade internacional comunicar fácil e rapidamente. Este estudo investiga os desafios da implementação do governo eletrónico nos países em desenvolvimento, em particular no Afeganistão. O quadro de investigação proposto centra-se na literacia em TIC, nas condições das infra-estruturas, no grau de fratura digital, na sensibilidade à privacidade e à segurança dos dados, nas prioridades legislativas, na cultura das TIC do sector privado, no acesso ao capital de investimento, na sensibilização para o e-govemment, na partilha de informação intra-govemmental, na liderança das TIC, na resistência institucional à mudança e no envolvimento das partes interessadas, tal como discutido na literatura relevante. Dados adicionais, adquiridos através de um inquérito quantitativo e de entrevistas realizadas no Afeganistão como parte de um estudo sobre o e-govemment, também ajudam a informar esta análise.

Palavras-chave: **Administração pública eletrónica, desafios de implementação, desafios organizacionais e de TIC, desafios sociais.**

Introdução

A governação eletrónica tornou-se uma componente importante da governação eficaz dos nossos dias, uma vez que os governos a todos os níveis, em todo o mundo, são pressionados a prestar os seus serviços e a processar a informação de forma mais eficiente devido a restrições orçamentais, alterações demográficas e mudanças rápidas nas exigências sociais. O autor é de opinião que, para prestar serviços eficientes, transparentes, eficazes, num só local, 24 horas por dia, 7 dias por semana, centrados no cidadão, e prestar contas ao público, a adoção e a integração da tecnologia parecem ser a única resposta formidável. A adoção de soluções tecnológicas pelo governo não só aumentará a responsabilidade, a eficiência e a eficácia nos sectores público e privado, como também aumentará a confiança dos cidadãos no governo.O autor acredita que as eficiências e os benefícios inerentes a um programa de governo eletrónico bem pensado e corretamente implementado são mais necessários nos locais onde o governo desempenha um papel fundamental na estabilização da sociedade através dos seus serviços, proporcionando rendimentos a uma parte significativa da população e organizando e estimulando o sector privado: países em situação de pós-conflito e países menos desenvolvidos (PMD). O estudo conclui que estes desafios estão normalmente relacionados com factores organizacionais, literacia em TIC e obstáculos sociais que estão frequentemente integrados nas culturas prevalecentes ou exacerbados pela pobreza prolongada e pelos conflitos armados. O estudo prossegue identificando as tácticas comuns utilizadas pelas nações que implementaram com êxito a administração eletrónica nesses ambientes, de modo a fornecer orientações à próxima geração de países emergentes.

Este estudo centra-se nos desafios da implementação do e-govemment no Afeganistão e a revisão da literatura inclui estudos relevantes para o tema da investigação (desafios da implementação do e-govemment nos países em desenvolvimento) a partir das perspectivas de vários académicos, em que os governos dos países em desenvolvimento enfrentaram desafios na implementação do e-govemment. O estudo conclui que a literatura identifica três grandes tipos de desafios à implementação do e-govemment: 1) Desafios organizacionais 2) Desafios sociais e 3) Desafios das TIC. O procedimento de análise de dados é aplicado para interpretar os dados do inquérito que foram recolhidos através de um inquérito qualitativo e quantitativo aos Ministérios do Afeganistão realizado entre 25 de março e 4 de maio de 2013. Os questionários do inquérito foram utilizados como instrumento (ferramenta) para a recolha de dados. Os dados foram processados e analisados com a ajuda dos programas MS Excel e SPSS. Por último, este estudo recomenda possíveis soluções no contexto da atual implementação do E-govemment no Afeganistão.

O resto do documento inclui a revisão da literatura, a estratégia de investigação, o quadro concetual, o objetivo da investigação, o procedimento de recolha de dados, o resultado do inquérito, a análise, a recomendação e a conclusão.

Revisão da literatura

Os desafios que estão a dificultar o desenvolvimento do e-govemment, tal como se verificou na revisão da literatura, podem ser classificados em três grandes grupos: desafios organizacionais, desafios sociais e desafios das TIC.

Obstáculos organizacionais

Liderança: O papel da gestão de topo é muito importante em todas as fases da implementação do e-govemment: tanto nas fases iniciais (para apoio financeiro, apoio político, sensibilização para o programa e aprovação e adoção pelas partes interessadas) como na pós-implementação (para a sustentabilidade financeira dos projectos de e-govemment), 2004; OECD, 213; Rangarirai Matavire W. C., 2010; Zamira Dzhusupova, 2011; Drew, 2010; ISG, 2005).

Resistência à mudança: Uma análise de vários artigos mostra que a resistência à mudança é um dos principais desafios à implementação de programas de e-govemment. As fontes de resistência são tão variadas como o nível de conforto com a papelada e os processos actuais, o medo de perder o emprego e o poder no local de trabalho; outros notam que o E-govemment acarreta a potencial rutura de uma estrutura hierárquica há muito estabelecida, o que, por sua vez, perturba esquemas de suborno e corrupção enraizados, elimina as restrições do sistema legado que eram utilizadas como álibis/técnicas de fuga ao trabalho, revela uma cultura irracional e restrições políticas e põe em evidência a ausência de empenho da gestão de topo. Nem toda a resistência ao e-govemment é malévola; a simples inércia desempenha um papel importante. A literatura revela que os funcionários públicos e o público em geral estão predispostos a resistir à mudança e, por conseguinte, muitos estão relutantes em utilizar o e-govemment como forma alternativa de prestação de serviços, em especial quando são introduzidos novos serviços electrónicos. (Alam.M,2007;Vishanth Weerakkody, 2009; Nasim Qaisar, 2010; Dardha N. V., 2004; Ndou, 2004; Hajed Al-Rashidi, 2010; Fallahi, M., 2007; Zeleti, 2010; Vishanth Weerakkody, 2009).

Partilha de informações: De acordo com o estudo, a falta de partilha de informações prejudica a implementação do governo eletrónico. Para implementar plenamente os serviços de governo eletrónico, as instituições precisam de coordenar e partilhar informações entre si, a fim de eliminar a duplicação e melhorar a coordenação dos recursos, das infra-estruturas, dos quadros de gestão pública existentes e dos conhecimentos (OCDE, 213; Paul T. Jaeger, 2003; Nasim Qaisar, 2010).

Colaboração: A literatura descreve em pormenor a indispensabilidade da colaboração na implementação de programas de e-govemment e correlaciona a colaboração e a cooperação a nível local, regional e nacional, bem como entre organizações públicas e privadas, com a implementação bem sucedida de programas de e-govemment. Verificou-se que a colaboração baseada no e-govemment cria confiança entre as agências, os cidadãos e as partes interessadas, mesmo quando o programa de e-govemment precipitante não atingiu níveis de penetração significativos (Dardha N. V., 2004; Cecchini.S, 2004; Nasim Qaisar, 2010; Rangarirai Matavire W. C., 2010; Vishanth Weerakkody, 2009).

Envolvimento das partes interessadas: De acordo com a literatura, uma das causas do fracasso dos projectos de e-govemment é a falta de envolvimento das partes interessadas no início do projeto. Estes investigadores consideram o envolvimento das partes interessadas indispensável em todos os aspectos dos projectos de governo eletrónico e consideram que a inclusão das partes interessadas é tão benéfica durante a conceção do programa como nas fases iniciais de implementação (Rangarirai Matavire W. C., 2010; Zamira Dzhusupova, 2011).

Impactos jurídicos: O estudo mostra que um quadro jurídico favorável às TIC é imperativo para o êxito dos programas de governo eletrónico. Em muitas jurisdições, o desenvolvimento de legislação e de regulamentos que permitam navegar de forma inteligente pelas muitas questões levantadas pela crescente utilização da tecnologia pelo governo é um desafio devido ao número relativamente pequeno de legisladores, juízes e funcionários familiarizados com o assunto. Em muitos casos, é necessário recorrer a consultores externos para levantar (mas não para resolver) as questões que o E-govemment obriga os dirigentes a enfrentar. Uma vez destacadas as questões, cabe ao legislador dar prioridade aos interesses da sociedade e elaborar as leis que permitam o florescimento do e-govemment, mantendo os aspectos importantes da estrutura social local (Min-Shiang HWANG, 2004; OCDE, 213; Rangarirai Matavire W. C., 2010; BASU, 2004; Latinovic, 2007).

Obstáculos sociais

Impactos culturais: A investigação mostra que, muitas vezes, os principais obstáculos à implementação do e-gov não são técnicos, mas sim as implicações culturais das novas tecnologias. A razão é que os projectos de e-govimento nos países em desenvolvimento são frequentemente externalizados para o sector privado, que pode ter sensibilidades diferentes em relação ao status quo cultural. Este facto pode ter consequências indesejadas e criar um fosso entre a campanha pública de promoção do e-govemment e o programa tal como foi concebido. (Nkwe, 2012; Ndou, 2004; Drew, 2010).

Fosso digital: Os investigadores concordam que o fosso digital é outro desafio enfrentado pelos países em desenvolvimento na implementação bem sucedida do governo eletrónico. O acesso desigual à informação por parte dos cidadãos, devido a questões de literacia ou ao preço do equipamento, do transporte ou dos serviços de comunicações, tem sido considerado um fator importante para o fracasso da adoção do governo eletrónico. ((Telecommunity, 2012; Drew, 2010;Rangarirai Matavire W. C., 2010; Fuchs &Horak, 2008; Dada, 2006; OECD, 213).

Sensibilização: Este estudo mostra que a falta de consciencialização é uma das razões que levam ao fracasso dos programas de governo eletrónico. Os investigadores apontam para a experiência do Bangladesh e do Botswana, que tiveram programas de sensibilização deficientes antes da implementação. Estes investigadores insistem que é necessária uma campanha de sensibilização abrangente antes da implementação de um programa de governo eletrónico para garantir o sucesso. (Ali, et.al. 2009; Nasim Qaisar, 2010; Alam.M, 2007; Khan, 2009).

Literacia em TIC: Os investigadores concordam que a literacia em TIC é o principal obstáculo à implementação do governo eletrónico, particularmente nos países em desenvolvimento onde a taxa de literacia em TIC é muito baixa (Ndou.V, 2004; Ensafi&Kahani,2007; Khan, 2009; Alam M & Islam A, 2007; Nasim Qaisar, 2010; Dardha N. V., 2004; Dada, 2006; Jaeger & Thompson, 2003; Rangarirai Matavire W. C., 2010; Nkwe, 2012; Zeleti, 2010; Vishanth Weerakkody, 2009).

---

[1]A fratura digital refere-se à diferença de oportunidades entre os que têm acesso à Internet e os que não têm

Obstáculos às TIC

Infraestrutura de TIC: Os investigadores concordam que deve existir uma infraestrutura de TI adequada para a implementação bem sucedida de programas de e-govemment e mencionam que este é um dos principais desafios nos países em desenvolvimento, onde as pessoas não têm acesso suficiente à Internet, eletricidade ou computadores (Nasim Qaisar, 2010; Banco Mundial, 2003; Paul T. Jaeger, 2003; Min-Shiang HWANG, 2004; Dardha N. V., 2004; Dada, 2006; Rangarirai Matavire W. C., 2010; Drew, 2010; Zeleti, 2010; Latinovic, 2007; Mahsa, 2007).

Finanças: Os estudos mostram que muitos países em desenvolvimento consideram o apoio financeiro como um desafio crítico no desenvolvimento e na implementação do e-govemment. Uma vez que a implementação do governo eletrónico é dispendiosa e necessita de apoio financeiro contínuo, os recursos orçamentais e a disponibilidade devem ser considerados para que um programa seja sustentável e fiável, duas características das quais depende o sucesso do programa (Drew, 2010; Alam, M. 2007; Nasim Qaisar, 2010; Dada, 2006; Hajed Al-Rashidi, 2010).

Política: Os investigadores concordam que a falta de uma política adequada para a implementação do e-govemment dificulta a implementação do e-govemment nos países em desenvolvimento e insistem que a existência de uma política clara e de um quadro jurídico para a implementação do e-govemment é fundamental (Md. Shariful Alam, 2010; Paul T. Jaeger, 2003; Dardha N. V., 2004).
Segurança: Os investigadores também concordam que, nos países em desenvolvimento, as pessoas hesitam em utilizar o governo eletrónico devido a preocupações com a segurança e a privacidade dos dados, especialmente na fase de transação. As pessoas consideram que a divulgação de informações pessoais (como o nome, a fotografia, a data de nascimento, o número de identificação e os dados do cartão de crédito) ao governo através de sítios Web e aplicações carece de segurança e suspeitam de utilização indevida. (Alam M & Islam A, 2007; OCDE, 213; Nkwe, 2012; Drew, 2010; BASU, 2004; Vishanth Weerakkody, 2009)

Método do estudo
Esta investigação incorpora um estudo teórico e empírico, utilizando métodos quantitativos e qualitativos para a recolha de dados. Além disso, tal como já foi referido, o estudo analisa diferentes literaturas e documentos académicos. O trabalho original do estudo consiste na recolha de informações relevantes em primeira mão para análise empírica junto de peritos de instituições públicas e privadas, tais como especialistas em TI, CIO e gestão, através da utilização de um instrumento de inquérito. Para o efeito, recorreu-se a um inquérito baseado na Web e à entrega de cópias em papel e em suporte de papel aos peritos, a fim de obter as suas noções sobre os obstáculos à implementação do e-govemment. Por último, são calculados e apresentados os resultados quantitativos e qualitativos do inquérito.

Estratégia de investigação
A estratégia de investigação depende das características das perguntas de investigação. Normalmente, o tipo comum de perguntas de investigação é formado pela utilização de "quem", "como", "porquê", "o quê", etc. Ao utilizar este tipo de perguntas, o investigador pode recorrer a um

inquérito para obter as respostas (Yin, 1994). A principal questão de investigação deste documento é "Quais são os *desafios à implementação da administração pública eletrónica no Afeganistão?* A resposta a esta pergunta de investigação está na resposta à pergunta "o quê" de um inquérito. Num país em desenvolvimento como o Afeganistão, a SI (partilha de informações) não foi introduzida em muitos sectores, incluindo aqueles em que o desenvolvimento do governo eletrónico está na sua fase inicial. A maioria das pessoas ainda não está familiarizada com a ideia de e-govemment.

A investigação baseia-se numa abordagem de investigação quantitativa e qualitativa, juntamente com a utilização de questionários como instrumentos de inquérito (ferramenta). Os instrumentos de inquérito são adequados para esta investigação porque o inquérito não é experimental e permite uma análise descritiva. A informação quantitativa é fornecida pelo inquérito, que pode ser analisada estatisticamente. Os inquiridos com antecedentes semelhantes recebem a mesma série de perguntas e são os principais fenómenos da investigação quantitativa.

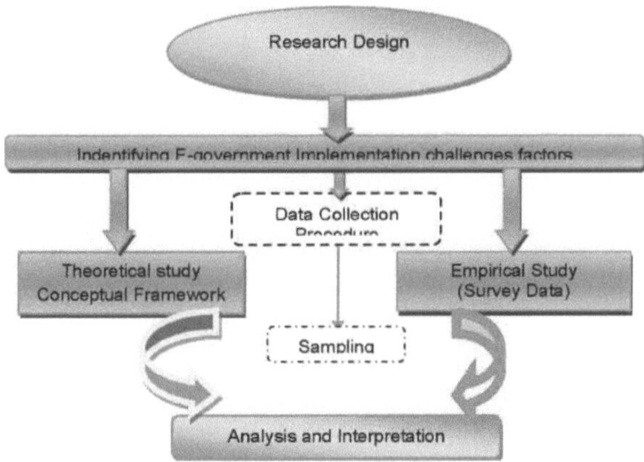

Figura 1.3: Estratégia de investigação

Quadro concetual

O autor acredita que a implementação do governo eletrónico é uma plataforma altamente eficaz na qual os países em desenvolvimento podem basear um governo eficiente, reativo, transparente e responsável. A partir da revisão da literatura, verificou-se que os países em desenvolvimento têm muitos desafios que dificultam a implementação bem sucedida do governo eletrónico. Este estudo categoriza esses desafios em três grupos: 1) Obstáculos organizacionais, 2) Obstáculos sociais e 3) Obstáculos de TIC, como se mostra no quadro concetual abaixo.

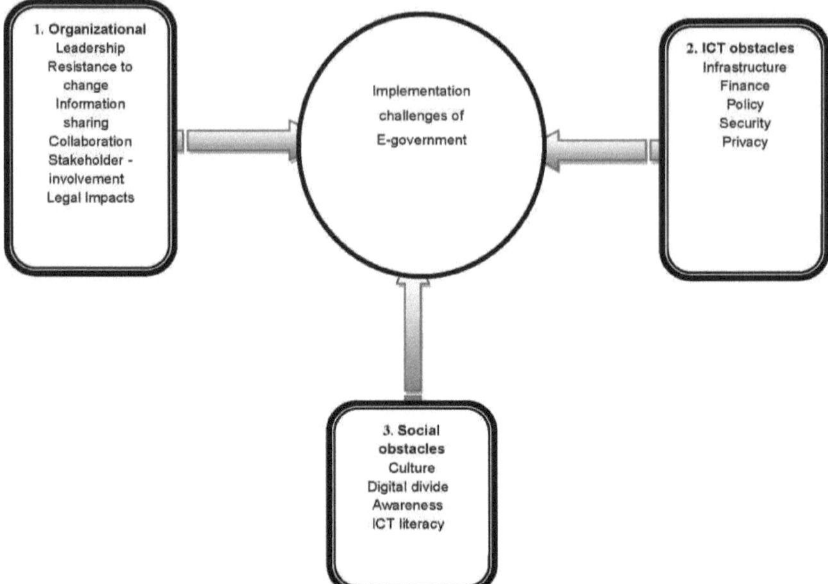

Figura 2:3 Quadro Conceptual

Objectivos e questões de investigação

O objetivo do estudo é analisar os desafios e obstáculos comuns à implementação do e-govemment em países em desenvolvimento e em situação de pós-conflito. Estes factores estão relacionados com obstáculos organizacionais, de TIC e sociais que surgem durante a implementação do e-govemment em países em desenvolvimento como o Afeganistão. Os resultados e as recomendações deste estudo destinam-se a ajudar os governos, e particularmente o MCIT no Afeganistão, a ultrapassar os desafios e as barreiras que podem existir durante a implementação do e-govemment. Os objectivos específicos são os seguintes:

- Identificar os desafios da implementação do governo eletrónico no Afeganistão.
- Identificar os desafios da administração pública eletrónica nos países em desenvolvimento e nos países em situação de pós-conflito.
- Discute as implicações e formula recomendações para o Governo do Afeganistão.

O MCIT está a implementar iniciativas de e-govemment com base num plano diretor estratégico para o Afeganistão desenvolvido com a cooperação da Universidade das Nações Unidas ("UNU-IIS") localizada em Macau/China. O estudo deste autor foi iniciado para investigar quais os desafios de e-govemment que se podem esperar no Afeganistão e como, com base nas experiências de outras nações, podem ser ultrapassados. Por esta razão, as questões de investigação são: Quais são os desafios para a implementação do governo eletrónico no Afeganistão?
Quais são os desafios da implementação do governo eletrónico nos países em desenvolvimento?
Quais são os desafios da implementação do governo eletrónico nos países em situação de pós-conflito?
Para responder a estas questões de investigação, é importante identificar e classificar os principais factores que impedem a implementação do e-govemment nos países em desenvolvimento e, em particular, nos países em situação de pós-conflito como o Afeganistão. A investigação centra-se em factores tecnológicos, organizacionais, políticos, internos e externos.

Importância e âmbito do estudo
O objetivo do presente estudo é examinar a fase atual da implementação do governo eletrónico no Afeganistão.
Quais são os principais obstáculos que contribuem para o fracasso da implementação do e-govemment?
Quais são as soluções e os cursos de ação recomendados que podem ser deduzidos dos programas bem sucedidos de países com situação semelhante?

Este estudo ajudará o MCIT a planear melhor a melhor forma de ultrapassar esses obstáculos. O estudo ajudará igualmente a definir orientações políticas para a aplicação efectiva do governo eletrónico noutros locais.

O âmbito do estudo não é global, mas baseia-se em experiências de países em desenvolvimento de todo o mundo, num esforço para identificar as tácticas que facilitam o e-govemment, melhorando a eficiência e a transparência das operações governamentais. O estudo tenta também identificar os principais obstáculos à implementação do governo eletrónico nos países em desenvolvimento e, em particular, no Afeganistão. O estudo compara os resultados do estudo empírico com os pontos de vista de investigadores anteriores e, por fim, oferece soluções e directrizes para a implementação bem sucedida do e-govemment no MCIT.

Fases do nível de maturidade da administração pública em linha

Os níveis de maturidade ou de desenvolvimento do E-govemment foram definidos por vários autores e fontes de diferentes formas. Esta secção contém a revisão da literatura, que inclui os seguintes trabalhos: (M. Alshehri, 2010, p. 2) Gartner (2000); Nações Unidas (2001); Layne e Lee (2001), Banco Mundial (2002); (Ebrahim et al., 2003); (Howard, 2001); (Chandler e Emanuels, 2002); (Fallahi, 2007); (UNU-IIST, 2008); UNDESA e OCDE. Os estágios de maturidade encontrados por cada pesquisador são apresentados em forma de gráfico para comparação.

Modelo DPEPA (Divisão de Economia Pública e Administração Pública) da ONU	1. Emergente: Estabelecimento da presença em linha do Governo com um sítio Web oficial básico e estático limitado e constituído por informações limitadas.
	2. Melhoria: Aumento dos sítios Web da administração pública, que se tornam mais dinâmicos e actualizam regularmente os conteúdos e a informação.
	3. Interativo: Nesta fase, o utilizador pode interagir através da Web, do correio eletrónico oficial e fazer marcações e pedidos.
	4. Transacional: Os utilizadores podem efetuar transacções em linha e pagar por serviços em linha.
	5. Sem descontinuidades: Integração total dos serviços electrónicos para além das fronteiras administrativas e departamentais.
Modelo Gartner	1. Presença: Fornecer informações simples em sítios Web de natureza passiva. Apresentar nos sítios Web a sua função, tal como uma brochura em papel.
	2. Interação: Esta fase mostra uma interação simples entre os governos e os cidadãos (G2C), entre os governos e as empresas (G2B) e entre os governos e as agências governamentais (G2G). A fase de interação dos sítios Web pode ser um contacto por correio eletrónico, formulários interactivos, que fornecem respostas informativas.
	3. Transação: Esta fase permite a realização de transacções, como o pagamento em linha de renovações de licenças, impostos, taxas ou concursos públicos.
	4. Transformação: Esta fase mostra a reinvenção das funções do governo, organizando e gerindo conceitos de governação.
Modelo de estudo Layne & Lee	1. Catalogação: Esta fase permite a presença online básica das organizações do governo do estado.
	2. Transação: Esta fase mostra a ligação do sistema interno da administração pública, a sua colocação em linha e a possibilidade de os cidadãos comunicarem e efectuarem transacções em linha.
	3. Integração vertical: Esta fase mostra a conetividade de vários serviços ou funções dos governos local, estadual e federal.

	4. Integração horizontal: "A integração horizontal é definida como a integração entre diferentes funções e serviços. Ao definir as fases de desenvolvimento do e-govemment, a integração vertical em diferentes níveis dentro de uma funcionalidade semelhante é postulada para preceder a integração horizontal em diferentes funções".
Modelo do Banco Mundial	1. Publicar: Esta fase consiste em divulgar a informação sobre o governo aos cidadãos da forma mais aberta possível. De facto, este é um nível primário de desenvolvimento do governo eletrónico.
	2. Interagir: Esta fase inclui a comunicação bidirecional entre o governo e o cidadão para comunicações básicas, como o contacto por correio eletrónico ou formulários de feedback, que permitem aos utilizadores participar em propostas legislativas ou políticas em linha e apresentar os seus comentários.
	3. Transação: Nesta fase, os cidadãos podem obter serviços públicos em linha, fazer negócios com a administração pública em linha, disponíveis a qualquer momento e em qualquer lugar.
HowardModel	1. Publicação: Esta fase mostra a disponibilidade das actividades do Governo em linha.
	2. Fase de interação: esta fase permite aos cidadãos uma interação simples com a administração pública, por exemplo, através de correio eletrónico ou de salas de conversação.
	3. Fase de transação: Esta fase oferece aos cidadãos facilidades de transação completas em linha, tais como candidatar-se a programas e serviços, obter licenças e autorizações.
Modelo Chandler e Emanuel	1. Informação: Esta fase consiste simplesmente na publicação em linha das actividades do ministério. A comunicação entre o governo e o cidadão é unidirecional.
	2. Fase de interação: Esta fase permite uma simples interação entre os cidadãos e os governos.
	3. Fase de transação: Esta fase permite a transação de valores entre o governo e os cidadãos.
	4. Fase de integração: Nesta fase, os serviços são integrados em todas as agências e departamentos governamentais.
Modelo da Deloitte	Publicação da informação: Esta fase inclui a comunicação unidirecional, normalmente em sítios Web de agências e departamentos.
	2. Fase das transacções oficiais bidireccionais: Esta fase permite que os cidadãos comuniquem eletronicamente com os organismos governamentais, como a renovação da carta de condução e o pagamento de um bilhete de estacionamento.
	3. Fase dos portais multiusos: Esta fase fornece todos os serviços e informações da administração pública aos cidadãos a partir de um único ponto.
	4. Fase de personalização do portal: "dar aos clientes a oportunidade de personalizar os portais de acordo com as suas necessidades".

	5. Fase de agrupamento de serviços comuns: Nesta fase, os portais prestam serviços e as barreiras entre as agências governamentais são eliminadas em benefício do cidadão.
	6. Fase de integração total e de transformação da empresa: Nesta fase, as fronteiras entre os departamentos governamentais podem efetivamente desaparecer devido à sua irrelevância.
Modelo da OCDE	1. Informações
	2. Interação
	3. Transaccionais
	4. Transformação
Modelo UNDESA	1. Emergentes
	2. Melhorado
	3. Interativo
	4. Transaccionais
	5. Em rede

Quadro 1: 2 Fases do Nível de Maturidade do E-govemment

Procedimento de recolha de dados

A frase recolha de dados explica o processo de preparação e recolha de dados de acordo com os objectivos requeridos para o estudo. Nesta investigação, são utilizados dados primários e secundários. Foram recolhidos dados secundários de diferentes revistas, artigos, publicações governamentais, publicações internacionais, revistas de administração, livros e sítios Web relevantes. Além disso, para recolher dados primários dos utilizadores do sistema, foram distribuídos e recolhidos inquéritos utilizando um questionário estruturado. . O objetivo do inquérito é obter informações claras sobre os diferentes problemas que foram ou serão enfrentados pelos utilizadores do e-govemment. Nesta parte da nossa investigação, seleccionámos os utilizadores do e-govemment em várias categorias, de acordo com a sua formação profissional.

Existem geralmente duas abordagens para a conceção da amostragem: amostragem probabilística e amostragem não probabilística. A amostragem probabilística baseia-se em procedimentos aleatórios. Por outro lado, o método de amostragem não probabilística não se baseia em procedimentos aleatórios (O'Sullivan, 2009). Nesta investigação, foi utilizado o método de amostragem probabilística. As informações relevantes foram obtidas junto dos utilizadores e do pessoal responsável das entidades governamentais através de um questionário. O plano de amostragem para esta investigação foi direcionado para organizações governamentais e privadas no Afeganistão, utilizando peritos de CIO, TI e organizações de gestão como unidade de análise. No total, foram incluídos 150 indivíduos na amostra, com uma população-alvo de peritos do sector governamental e privado.

Resultado do inquérito

Resultado do inquérito quantitativo: Os questionários foram traduzidos para duas línguas locais (pachto e dari), juntamente com uma versão inglesa que foi utilizada como indicador de controlo. O questionário era composto por 37 perguntas baseadas numa escala de Likert. Os questionários foram enviados a 150 peritos dos sectores público e privado, com títulos como CIO, gestores, profissionais de TI e funcionários comuns. 131 peritos participaram neste inquérito. A informação demográfica dos inquiridos é apresentada na tabela e nas figuras seguintes.

№				
	Inquiridos por género	Masculino	113	86%
1		Feminino	18	14%
2	Inquiridos por cargo	Gestão de topo	29	22%
		Direção intermédia	47	36%
		Baixa gestão	55	42%
3	Inquiridos por organização	Funcionário público	97	74%
		Empregado não público	34	26%
4	Inquiridos por especialização	CIO e especialista em TI	100	76%
		Perito em gestão	31	24%

Quadro 2.4: Informação demográfica dos inquiridos ou categorias de inquiridos

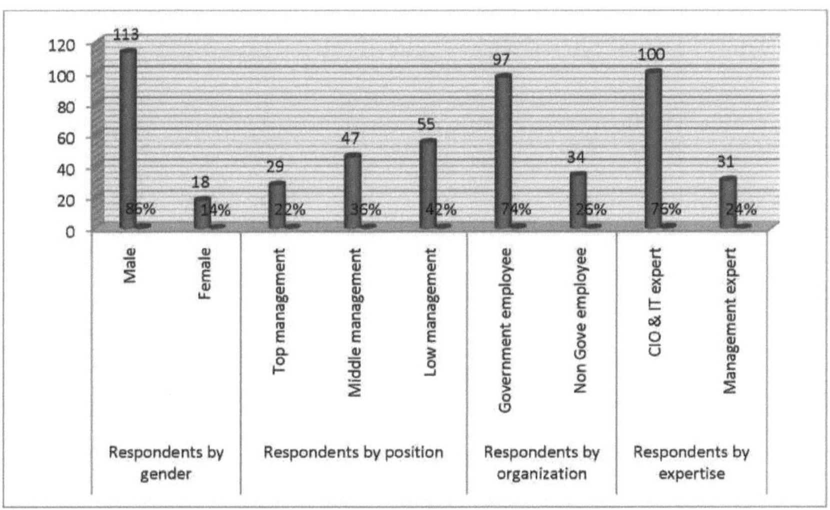

Figura 3.4: Categorias de inquiridos

O gráfico acima (figura 6.4) mostra o número e a percentagem de inquiridos de várias perspectivas (ou seja, número de inquiridos por sexo, por cargo, por organização e número de inquiridos por especialização).

Resultado da análise

O quadro seguinte mostra as respostas dos inquiridos aos questionários do inquérito com base no tema da pergunta. Os inquiridos consideraram o envolvimento das partes interessadas, a coordenação intergovernamental, a partilha de informações, a literacia em TIC, a sensibilização, a resistência à mudança, a infraestrutura das TIC, as questões financeiras, a política das TIC, a liderança, a privacidade dos dados, a legislação, a cultura das TIC e a clivagem digital como os principais desafios para uma implementação bem sucedida do e-govemment no Afeganistão. A segurança das TIC (média de 3,1412) não foi considerada um desafio importante, uma vez que a maioria dos inquiridos considera que não é ignorada nem é um desafio importante, como mostra o quadro seguinte.

Tabela 3.4: Estatísticas descritivas

Descriptive Statistics

	N	Range	Minimum	Maximum	Mean		Std. Deviation	Variance
	Statistic	Statistic	Statistic	Statistic	Statistic	Std. Error	Statistic	Statistic
ICT Infrastructure	131	3.00	2.00	5.00	3.5076	.06142	.70297	.494
Literacy	131	3.00	2.00	5.00	3.9822	.05239	.59959	.360
Finance	131	4.00	1.00	5.00	3.5153	.09210	1.05418	1.111
Awarness	131	3.33	1.67	5.00	3.8830	.04625	.52935	.280
Information Sharing	131	4.00	1.00	5.00	3.9962	.06928	.79299	.629
Policy	131	4.00	1.00	5.00	3.5954	.09197	1.05268	1.108
Leadership	131	4.00	1.00	5.00	3.5038	.07767	.88903	.790
Resistance to Change	131	4.00	1.00	5.00	3.8015	.06804	.77875	.606
Privacy	131	4.00	1.00	5.00	3.4008	.08710	.99696	.994
Security	131	4.00	1.00	5.00	3.1412	.11663	1.33485	1.782
Legislation	131	4.00	1.00	5.00	3.4466	.07706	.88198	.778
Coordination	131	3.50	1.50	5.00	4.0038	.05747	.65778	.433
Stakeholder Involevement	131	2.50	2.50	5.00	4.1145	.05213	.59667	.356
ICT Culture	131	4.00	1.00	5.00	3.6832	.08167	.93481	.874
Digital Divide	131	4.00	1.00	5.00	3.7710	.07474	.85543	.732
Valid N (listwise)	131							

Cronbach's Alpha	Cronbach's Alpha Based on Standardized Items	N of Items
.799	.810	15

Tabela 4.4: Estatísticas de fiabilidade

A fiabilidade entre as variáveis é de 0,799, o que constitui um bom indicador da consistência interna entre as variáveis

Inter-Item Correlation Matrix

	ICT Infrastructure	Literacy	Finance	Awarness	Information Sharing	Policy	Leadership	Resistance to Change	Privacy	Security	Legislation	Coordination	Stakeholder Involevement	ICT Culture	Digital Divide
ICT Infrastructure	1.000	.543	.399	.221	.133	.425	.315	.247	.289	.430	.247	.374	.062	.485	.339
Literacy	.543	1.000	.228	.136	.348	.269	.395	.245	.370	.303	.083	.403	.174	.516	.297
Finance	.399	.228	1.000	.088	.163	.035	.066	.306	.267	.157	.152	.139	.156	.210	.119
Awarness	.221	.136	.088	1.000	.176	.002	.186	.164	-.046	.000	.275	.226	.124	.026	-.012
Information Sharing	.133	.348	.163	.176	1.000	.182	.420	.105	.296	.211	.082	.398	.155	.325	.058
Policy	.425	.269	.035	.002	.182	1.000	.236	-.010	.191	.472	.070	.263	-.109	.308	.150
Leadership	.315	.395	.066	.186	.420	.236	1.000	.126	.322	.165	.057	.464	.173	.446	.254
Resistance to Change	.247	.245	.306	.164	.105	-.010	.126	1.000	.212	.033	.046	.272	.339	.198	.182
Privacy	.289	.370	.267	-.046	.296	.191	.322	.212	1.000	.411	-.019	.303	.116	.490	.167
Security	.430	.303	.157	.000	.211	.472	.165	.033	.411	1.000	.121	.306	-.057	.482	.029
Legislation	.247	.083	.152	.275	.082	.070	.057	.046	-.019	.121	1.000	.320	.099	.187	.320
Coordination	.374	.403	.139	.226	.398	.263	.464	.272	.303	.306	.020	1.000	.332	.521	.172
Stakeholder Involevement	.062	.174	.156	.124	.155	-.109	.173	.339	.116	-.057	.099	.332	1.000	.203	.304
ICT Culture	.485	.516	.210	.026	.325	.308	.446	.198	.490	.482	.187	.521	.203	1.000	.414
Digital Divide	.339	.297	.119	-.012	.058	.150	.254	.182	.167	.029	.320	.172	.304	.414	1.000

Quadro 5.4: Matriz de correlação inter-itens

A maior parte da relação entre as diferentes variáveis do quadro é positiva, como mostra a tabela 7.4 acima. Existe uma correlação mais elevada entre Coordenação e Cultura TIC (0,521), Infra-estruturas TIC e Literacia (,543), Cultura TIC e Literacia (,516), Cultura TIC e Privacidade (,490).

Item-Total Statistics

	Scale Mean if Item Deleted	Scale Variance if Item Deleted	Corrected Item-Total Correlation	Squared Multiple Correlation	Cronbach's Alpha if Item Deleted
ICT Infrastructure	51.8384	38.400	.645	.582	.773
Literacy	51.3639	39.661	.595	.446	.779
Finance	51.8308	39.145	.323	.282	.796
Awarness	51.4631	42.965	.183	.243	.800
Information Sharing	51.3499	39.804	.408	.329	.787
Policy	51.7506	38.664	.362	.346	.792
Leadership	51.8422	38.498	.474	.384	.782
Resistance to Change	51.5445	40.896	.302	.241	.795
Privacy	51.9453	37.598	.484	.370	.781
Security	52.2048	35.672	.443	.467	.789
Legislation	51.8995	41.235	.221	.257	.801
Coordination	51.3422	39.412	.565	.476	.779
Stakeholder Involevement	51.2316	42.246	.246	.292	.797
ICT Culture	51.6628	35.913	.690	.584	.763
Digital Divide	51.5751	39.886	.360	.388	.791

Resultado do inquérito qualitativo: As entrevistas foram realizadas em quatro ministérios com o envolvimento de gestores de topo (como o nível de diretor ou superior) do Ministério das Comunicações e TI, do Ministério do Trabalho, Assuntos Sociais, Mártires e Deficientes, do Ministério da Agricultura, Irrigação e Pecuária e da ProTech, uma empresa privada de TI. A entrevista durou cerca de 30 minutos e discutiu os desafios da implementação do e-gov nas suas respectivas organizações.

Resultado da análise

Em resposta às perguntas sobre liderança, todos os inquiridos concordaram que, na ausência de uma liderança eficaz, o e-govemment não pode ser bem sucedido no Afeganistão. Os entrevistados também concordaram que uma visão do programa que tenha em conta as questões políticas e administrativas desempenhará inevitavelmente um papel central na conceção e implementação do e-govemment. Todos os riscos relacionados com um projeto de e-govemment serão provavelmente geridos de forma adequada se a liderança for suficientemente versada e experiente para prever bloqueios políticos e de gestão e puder conceber planos para os evitar. Todos os inquiridos acreditam firmemente que é sempre necessária uma liderança forte para uma implementação bem sucedida do e-govemment.

No que diz respeito à resistência à mudança, a maioria dos inquiridos não acredita que a inércia seja o principal desafio, embora concordem que este fator não pode ser ignorado. A maioria dos inquiridos considera que, uma vez criados mecanismos adequados de TIC e de gestão eletrónica, a resistência não será um grande desafio para a implementação da gestão eletrónica no Afeganistão.

A partilha de informações foi considerada uma área muito sensível na implementação do e-govemment. De acordo com os entrevistados, sem a partilha de informações entre as diferentes partes interessadas do governo eletrónico, a implementação do governo eletrónico nunca será bem sucedida. Os entrevistados salientam que o nível governamental típico de partilha de informações não é suficiente para apoiar as exigências da implementação do governo eletrónico; é necessário um esforço extraordinário para o sucesso. Da mesma forma, muitos entrevistados acreditam que o nível de confiança entre as diferentes organizações do governo, que normalmente não é elevado num ambiente pós-conflito se não forem estabelecidos processos de reconciliação, irá interferir com o sucesso de qualquer programa numa nação, como o Afeganistão, que está a emergir de décadas de guerra. Dada a perceção da necessidade de partilha de informação para lançar com sucesso um projeto de governo eletrónico, muitos entrevistados consideraram este aspeto como um grande obstáculo ao sucesso a curto prazo do governo eletrónico no Afeganistão.

A literacia também é considerada um fator importante, uma vez que leva as pessoas a utilizarem a tecnologia. A maioria dos inquiridos considera que, sem literacia, não é possível obter quaisquer benefícios do e-gov. Este é particularmente o caso da literacia em TIC, de acordo com os inquiridos.

Em resposta aos factores de sensibilização, a maioria dos inquiridos considera que a sensibilização para a administração pública em linha entre os organismos e os cidadãos é muito fraca, o que causará um lançamento mal sucedido dos projectos de administração pública em linha no Afeganistão. Uma vez que o governo eletrónico é composto por muitas agências diferentes, é necessária uma forte sensibilização para a administração pública eletrónica para uma implantação eficiente; caso contrário, os esforços serão duplicados de forma inútil. Alguns inquiridos salientaram que a sensibilização dos principais interessados na implementação da administração pública em linha é insuficiente para conseguir uma implementação bem sucedida da administração pública em linha no Afeganistão.

No que diz respeito ao envolvimento das partes interessadas, os entrevistados concordaram que conseguir esse envolvimento enquanto tantas outras instituições afegãs estão a mudar é um grande desafio para a implementação do e-gov no Afeganistão.

Os inquiridos consideraram que as finanças desempenham um papel central no sucesso da implementação do governo eletrónico no Afeganistão. A questão não é apenas o financiamento inicial do equipamento e do software; é a manutenção contínua dos sistemas e a formação do pessoal de apoio que preocupa os entrevistados. Todos os entrevistados acreditam que a disponibilidade consistente de fundos é um grande desafio para o sucesso da implementação do e-gov no Afeganistão.

Um fator de divisão digital foi também considerado uma barreira importante para o êxito da implementação do governo eletrónico no Afeganistão. Todos os inquiridos consideraram que, sem um conhecimento generalizado das TIC, a participação dos cidadãos não melhorará no âmbito do e-govemment e que, atualmente, esse conhecimento só é ajudado pelos mais abastados. . Para ultrapassar este desafio, a educação gratuita em matéria de TIC deve ser melhorada em todos os quadrantes da sociedade afegã.

A cultura das TIC é considerada um desafio para a implementação bem sucedida do e-govemment. As TIC (para além do serviço de voz móvel) ainda não se integraram na vida quotidiana da maioria dos afegãos. A maioria dos inquiridos considera que, no Afeganistão, as TIC e o governo eletrónico ainda estão numa fase inicial e que será necessário tempo para que as TIC se tornem parte da cultura do povo afegão.

O fator legislação desempenha um papel importante na implementação do e-govemment. A maioria dos inquiridos considera que a implementação da administração pública em linha começa com o processo legislativo. Sem legislação, as TIC e o governo eletrónico não têm estatuto oficial ao abrigo das leis nacionais, pelo que é muito importante que seja rapidamente aprovada legislação abrangente sobre o governo eletrónico.

De acordo com os inquiridos, a coordenação desempenha um papel central na implementação do e-govemment. Afirmaram que a coordenação adequada entre as partes interessadas no projeto de e-govemment, tal como a partilha de informações, é sempre necessária para uma implementação eficiente. De facto, os inquiridos acreditam que mecanismos de coordenação adequados e inteligentes contribuiriam para o êxito do e-govemment.

Os factores políticos também foram considerados pelos entrevistados como obstáculos significativos ao sucesso. A maioria dos inquiridos acredita que a implementação do e-govemment começa com o processo de formação de políticas. Sem legislação ou promulgação de políticas, as TIC e o e-govemment são desenvolvidos sem contexto legal ou prioridade social. Por sua vez, este facto diminui a importância da iniciativa na perspetiva do público.

As infra-estruturas, por outro lado, não são vistas como um obstáculo importante ao êxito de um programa de governo eletrónico. A maioria dos inquiridos considera que existe uma infraestrutura suficiente, pelo que não constitui um problema importante para a implementação do governo eletrónico.

A privacidade desempenha um papel importante na implementação do e-gov. A maioria dos inquiridos considera que, sem privacidade dos dados, as pessoas não podem confiar nas aplicações de e-govemment. Para aumentar a penetração das TIC e do e-govemment, as aplicações devem proteger a privacidade dos utilizadores.

A segurança da aplicação das TIC também é considerada importante. As aplicações de e-govemment que se baseiam em diferentes camadas, como a apresentação, o negócio e os dados, devem ser suficientemente seguras para que todos tenham a certeza de que os dados não foram modificados. Este foi o consenso entre todos os inquiridos.

Resumo

Segue-se o resumo das conclusões da análise de dados baseada nos inquéritos quantitativos e qualitativos. O objetivo deste estudo é avaliar os desafios da implementação no Afeganistão na perspetiva de peritos de organizações públicas e privadas. A análise estatística foi realizada com base nas respostas dos inquiridos e concentrou-se nos cinco (5) principais obstáculos de entre 15, tais como o Envolvimento das Partes Interessadas (que teve a média mais elevada de 4,1145), a Coordenação (com uma média de 4,0038), a Partilha de Informação (com uma média de 3,9962), a Literacia em TIC (com uma média de 3,9822) e a Sensibilização para o Governo Eletrónico (com uma média de 3,8830). Os inquiridos do inquérito qualitativo apresentaram resultados semelhantes e concordaram que os cinco factores seguintes são os principais desafios para o êxito da implementação do governo eletrónico no Afeganistão.

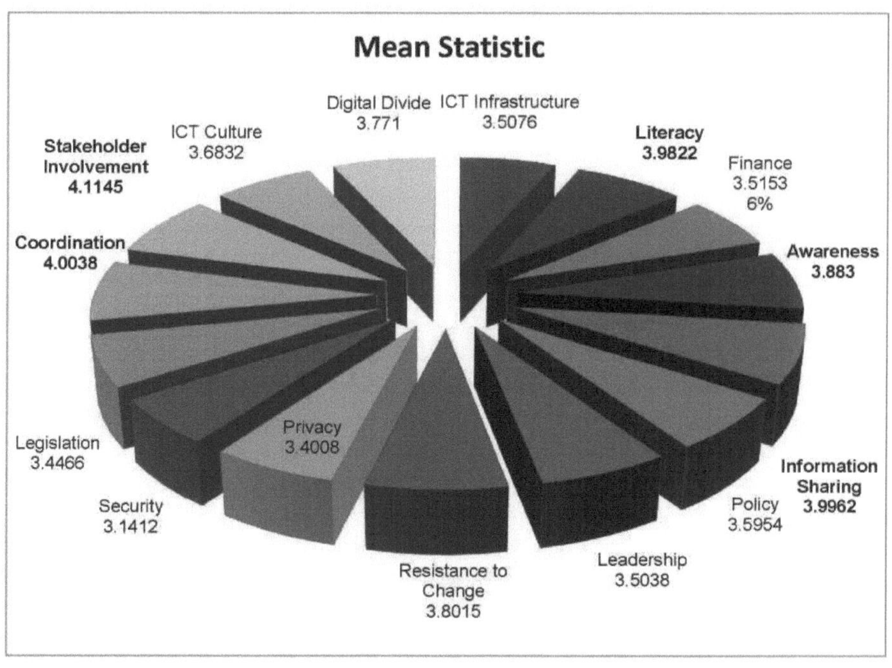

A análise SWOC da administração pública eletrónica no Afeganistão

A análise da iniciativa de e-govemment do Afeganistão, que é discutida a seguir, inclui pontos fortes, pontos fracos, oportunidades e desafios (uma análise SWOC), derivados do sítio Web do Ministério das Comunicações e das TI, em especial a estratégia de e-govemment desenvolvida pela Universidade das Nações Unidas "UNU-IIST" e também a literatura (MCIT, E-govemment Strategy;UNU-IIST).

Os pontos fortes". Os pontos fortes são a melhoria da capacidade existente de competências técnicas e de gestão (ou seja, muitos funcionários estão a receber formação a longo e curto prazo, internamente e no estrangeiro), a melhoria das infra-estruturas, uma forte liderança no MCIT, a perceção da importância das TIC nas organizações governamentais (o que resultou no aumento do número de funcionários nas direcções de TIC em vários ministérios), o desenvolvimento de estratégias de TIC, os principais projectos em curso de TIC/Governo no MICT e em alguns outros ministérios (ou seja, projectos que permitem o desenvolvimento de infra-estruturas, o desenvolvimento de capacidades, etc.), o estabelecimento de três novas direcções no âmbito do Ministério das Comunicações e TI, a criação de um novo departamento de TIC no MICT e a criação de um novo departamento de TIC no MICT.e. projectos que possibilitam o ambiente para o desenvolvimento do e-govimento, promovendo o desenvolvimento de infra-estruturas, o desenvolvimento de capacidades, etc.), a criação de três novas direcções no âmbito do Ministério das Comunicações e TI (departamento de Inovação das TIC, departamento de cibersegurança e departamento de e-govimento) e um número crescente de portais web nos sectores governamental e privado (MCIT, E-govemmentStrategy ;UNU-IIST).

Pontos fracos: Os pontos fracos encontrados através do estudo de caso e identificados na estratégia de e-govemment do Afeganistão incluem o grau de e-govemment

sensibilização e o seu papel na administração pública, fraco enquadramento jurídico e regulamentar para as iniciativas de e-govemment em curso, projectos isolados em vez de coordenados, falta de intercâmbio de informações e de partilha de conhecimentos entre agências, fracas competências técnicas e capacidade para o e-govemment e ausência de uma cultura de investigação e desenvolvimento no seio do Governo (e, em especial, de parceria com o meio académico) (MCIT, E-govemment Strategy; UNU-IIST)

Oportunidades: As oportunidades para o desenvolvimento do e-govemment no Afeganistão incluem: o crescimento explosivo dos serviços móveis e da Internet, a procura e a expetativa do público de uma maior transparência e a dissuasão oficial da corrupção, a vontade dos intervenientes externos de serem parceiros na implementação e investigação do e-govemment, o aumento do número de instituições de TIC, tanto no sector público como no privado, a vontade dos jovens de prosseguirem uma educação em TIC e a perceção do papel das TIC no trabalho diário (MCIT, E-govemment Strategy; UNU-IIST).

Desafios: Os desafios que se colocam ao desenvolvimento do e-govemment no Afeganistão incluem: O custo das telecomunicações, a prestação de serviços públicos electrónicos aos cidadãos em zonas remotas, a falta de recursos técnicos e humanos para a coordenação e a implementação do e-govemment, a literacia, a aceitação do e-govemment no sector público e na sociedade em geral, a privacidade da informação, a falta de eletricidade fiável, a presença de procedimentos tradicionais e burocráticos nas organizações e a resistência à mudança (MCIT, E-govemment of Afghanistan ,

Strategy;UNU-IIST).

Força	Fraqueza
• Liderança • Políticas e estratégias de desenvolvimento nacional. • Principais projectos TIC/governo em curso. • Estão em curso muitos projectos TIC a nível das agências. • Melhoria do desenvolvimento de capacidades na organização. • Aumento do número de departamentos de TIC nos ministérios e agências. • Criação de três novos departamentos no âmbito do MCIT, ou seja, as Direcções "E-govemment", "ICT innovation" e "Cyber Security". • Número crescente de portais Web, tanto no sector público como no privado.	• Sensibilização limitada para o governo eletrónico • Fraco ambiente jurídico e regulamentar para o e-govemment. • As iniciativas e o projeto de governo eletrónico em curso estão isolados. • Falta de intercâmbio de informações e de partilha de conhecimentos. • Falta de capacidade e de competências. • Fraca parceria com o meio académico na investigação em matéria de governo eletrónico. • Não existe uma cultura de I&D nas agências governamentais.
Oportunidades	**Desafios**
- Crescimento rápido dos serviços móveis e de Internet. - Elevada exigência e expetativa do público em relação ao aumento da transparência e à dissuasão da corrupção. - Disponibilidade das partes interessadas externas para serem parceiros na implementação e na investigação. - As infra-estruturas de base e a base jurídica para o e-gov vão ser criadas em breve. - Aumento do número de instituições de TIC. - A vontade' dos jovens no ensino das TIC. - Realização do papel das TIC no trabalho quotidiano.	- Custo das Telecomunicações. - Prestação de serviços electrónicos governamentais em zonas remotas. - Falta de recursos técnicos e humanos para a coordenação e execução do governo eletrónico. - Literacia e aceitação do governo eletrónico no sector público e na sociedade. - Privacidade na informação e questões de liberdade de informação. - falta de eletricidade, - Presença de Procedimentos Tradicionais e Burocráticos nas Organizações, - Resistência à mudança.

Quadro 6.5: Análise SWOC do Governo do Afeganistão, com o contributo da UNU-IIST

Situação do Afeganistão no inquérito das Nações Unidas sobre a administração pública eletrónica

Há algumas agências que realizam regularmente inquéritos em linha sobre o e-govemment, como o Departamento de Assuntos Económicos e Sociais das Nações Unidas "UNDESA", a Rede de Administração Pública das Nações Unidas "UNPAN" e a Universidade WASEDA. A Universidade WASEDA, que se situa no Japão, selecciona geralmente os países de acordo com critérios específicos. O Departamento de Assuntos Económicos e Sociais das Nações Unidas "UNDESA" e a Rede de Administração Pública das Nações Unidas "UNPAN" realizam normalmente um inquérito em linha de dois em dois anos, abrangendo 193 países (Nações Unidas, 2012).

A equipa de investigação analisa o sítio Web nacional de cada país, bem como o sítio Web do Ministério da Educação, do Trabalho, dos Serviços Sociais, da Saúde e do Ministério das Finanças. Os portais associados e os sítios Web subsidiários são considerados parte integrante dos sítios principais e tomados em consideração na atribuição de valores às respostas ao inquérito.

O período de tempo para a avaliação de um determinado país depende dos seus serviços em linha, nomeadamente da quantidade de conteúdos e funcionalidades existentes nos sítios Web. Normalmente, um investigador avalia um ou dois países por dia. Após a avaliação inicial, esta é vista pelo investigador sénior e, em caso de dúvida, é aprovada pelo chefe de equipa (Nações Unidas, 2012).

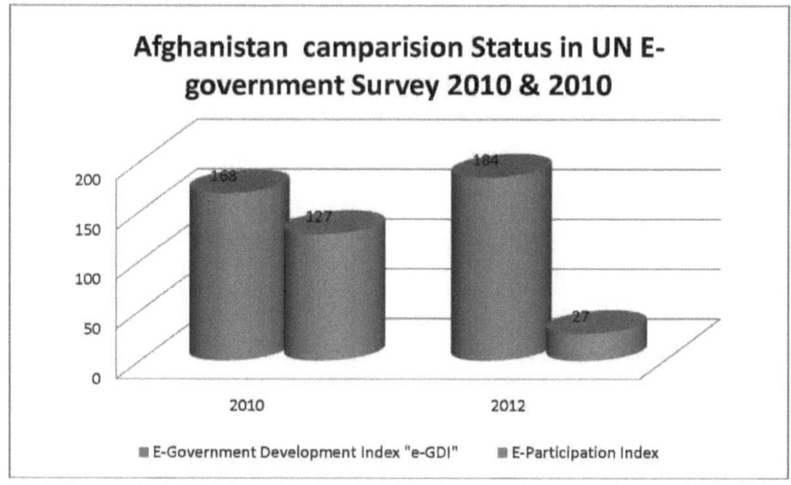

Figura 4.5: Estatuto do Afeganistão no inquérito da ONU sobre o movimento eletrónico de 2012 e 2010

A consequência da comparação do inquérito E-govemment na figura 14.5 acima mostra que o índice de desenvolvimento E-govemment do Afeganistão era de 168 e a participação eletrónica era de 127 em 2010. O índice de desenvolvimento E-govemment era de 184 e o índice de participação eletrónica era de 27 em 2012, pelo que podemos concluir que o índice de desenvolvimento E-govemment era melhor em 2010 em comparação com o resultado do inquérito de 2012 e, de igual modo, o índice de participação eletrónica era melhor no inquérito de 2012, o que é um bom sinal para a melhoria da democracia no Afeganistão (Nações Unidas, 2012); (Nações Unidas, 2010).

RECOMENDAÇÃO E CONCLUSÃO

Este estudo parte de uma base teórica (revisão da literatura) e analisa os desafios à implementação do e-govemment nos países em desenvolvimento. Foram encontrados vários desafios através da revisão da literatura, mas estes podem ser categorizados em três grupos principais: Obstáculos organizacionais[2] , obstáculos sociais[3] e obstáculos TIC[4] . O presente estudo também encontrou alguns desafios mencionados na estratégia de e-govemment do Afeganistão, tais como "o custo das telecomunicações, a prestação de serviços electrónicos do governo a cidadãos de zonas remotas, a falta de recursos técnicos e humanos para a coordenação e a implementação do e-govemment, a literacia e a aceitação do e-govemment no sector público e na sociedade, a privacidade da informação e as questões de liberdade de informação" (MCIT, E-govemment Strategy).

Existe um consenso entre os inquiridos no nosso inquérito e nas entrevistas de que o envolvimento das partes interessadas, a coordenação, a partilha de informações, a literacia em TIC, a sensibilização para o e-gov, a resistência à mudança, a clivagem digital, a cultura das TIC, a política, a continuidade financeira, as infra-estruturas, a liderança, a legislação e a privacidade são os principais desafios da implementação do e-gov no Afeganistão.

Constatação e recomendação política

O estudo empírico estabeleceu que cinco dos quinze obstáculos referidos pelos inquiridos, o envolvimento das partes interessadas (com a média mais elevada, 4,1145), a coordenação (4,0038), a partilha de informações (3,9962), a literacia em TIC (3,9822) e a sensibilização para o e-gov (3,8830) são considerados os principais obstáculos. Esta opinião foi também expressa pelos inquiridos na entrevista aprofundada acima explicada.

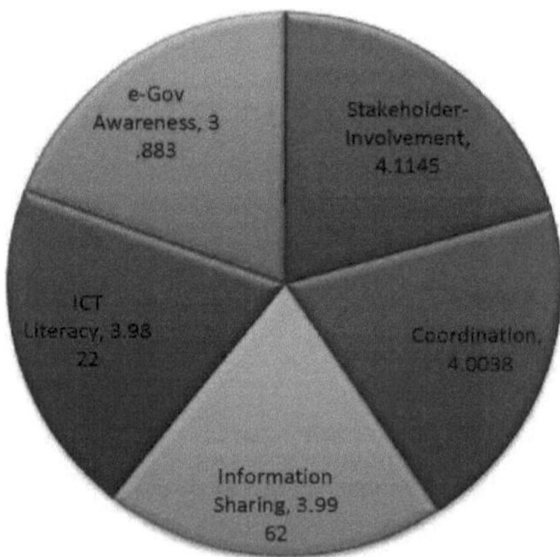

Figura 5.6: Os principais factores de desafio.

---

[2] Liderança, resistência à mudança, partilha de informações, colaboração, envolvimento das partes interessadas e impacto jurídico.
[3] Cultura das TIC, fratura digital, sensibilização e literacia em TIC.
[4] Infra-estruturas , Finanças , Política , Segurança e privacidade

Envolvimento das partes interessadas: A participação das partes interessadas é fundamental para o êxito da aplicação do governo eletrónico. A importância do envolvimento das partes interessadas também é mencionada na estratégia de e-govemment do Afeganistão: "As consultas e parcerias com as partes interessadas e peritos relevantes, incluindo agências administrativas, representantes da indústria, universidades e o público em geral são essenciais para o planeamento estratégico e a implementação do e-govemment" (MCIT, E-govemment Strategy). O Ministério das Comunicações e das TI deve envolver as partes interessadas desde o início de qualquer projeto de e-govemment, talvez através de reuniões e debates formais ou informais, incluindo a utilização de correio eletrónico, salas de conversação (Skype e Yahoo, Google), videoconferência e redes sociais (Facebook e Twitter). Estes debates públicos contínuos ajudarão a melhorar a sensibilização para o e-govimento, que é também um fator muito importante para o desenvolvimento do e-govimento.

A coordenação é o segundo maior obstáculo encontrado na análise. O Ministério da Comunicação e das TI deve ter um departamento de coordenação forte e ativo, que deve identificar e coordenar as partes interessadas internas e externas para todos os projectos e actividades do E-govemment. Uma coordenação eficaz incluirá a utilização do telemóvel, do correio eletrónico e da comunicação formal e informal. Também é mencionada a importância da coordenação, que muitos consideram o principal desafio para o êxito da estratégia de e-govemment do Afeganistão (MCIT, E- govemment Strategy).

A partilha de informações é indicada na análise como um terceiro grande obstáculo. O governo deve partilhar informações comuns com o público. Esta partilha pode ser feita através da utilização de meios de comunicação impressos, relatórios escritos de actividades e iniciativas e divulgação através de revistas e jornais. A utilização de meios electrónicos, em especial a rádio, pode disseminar rapidamente a informação e partilhar conhecimentos entre as pessoas. Além disso, o próprio sítio Web de uma agência através da presença nas redes sociais (Facebook, Twitter, etc.) pode ser utilizado para divulgar o progresso da iniciativa. Isto pode melhorar a partilha de conhecimentos entre os cidadãos e dentro do governo.

A literacia em TIC é o quarto maior desafio identificado pelos nossos inquiridos. O nível de literacia pode ser aumentado em todo o governo e também no sector privado com o início de programas de formação para funcionários públicos, comunidades empresariais, comunidades sociais e cívicas, agricultores, unidades militares, estudantes e o sector privado, como é feito pelo governo da Coreia do Sul. A publicidade desta formação (e talvez a própria formação) pode ser feita através da televisão, da rádio e de outros meios de comunicação social. A formação pode ser ministrada através de videoconferências nos tele-centros previstos.

E-government - A sensibilização é o quinto maior obstáculo à implementação do e-govemment, de acordo com a análise. De acordo com a experiência dos países desenvolvidos e em desenvolvimento, é fundamental melhorar a sensibilização para a administração pública em linha entre os organismos governamentais e os cidadãos, o que contribuirá diretamente para a adoção de serviços electrónicos. A sensibilização pode ser melhorada através da utilização de vários canais, como a rádio, a televisão, a publicidade, as aplicações móveis e as redes sociais.

Implicações teóricas

Os estudos realizados anteriormente sobre o e-govemment e aqui referenciados destacaram os desafios de implementação nos países em desenvolvimento como um todo. A realização deste estudo no contexto do Afeganistão pode contribuir para a nossa compreensão dos principais desafios enfrentados no processo de implementação do e-gov especificamente no Afeganistão.

O presente estudo contribui com algumas conclusões significativas para o campo académico do estudo dos desafios da implementação do governo eletrónico. Acrescenta o apoio e a informação da perspetiva dos sectores público e privado relativamente aos principais desafios na implementação do governo eletrónico no Afeganistão.

Limitação

A maioria dos estudos de investigação regista numerosas limitações e, por isso, é importante notar que este estudo não é exceção. Algumas das limitações registadas no decurso do estudo serão enumeradas com o objetivo de colocar os resultados na perspetiva correcta.

As limitações deste estudo foram os constrangimentos de tempo e a dificuldade de obter uma participação suficiente no inquérito. Por esse motivo, realizei um inquérito quantitativo, mas pude incluir muito poucos membros da gestão de topo. Em segundo lugar, o estudo é limitado devido à falta de participação de inquiridos de vários sectores, como cidadãos, estudantes universitários, universidades, bancos, empresas e ONG. A terceira limitação foi a falta de materiais de investigação para este estudo. Foram encontradas muitas dificuldades em encontrar materiais de estudos de investigação anteriores sobre o tema da investigação e, em particular, no contexto do Afeganistão.

Estudos complementares

Este estudo centrou-se na definição dos factores que estão a dificultar a implementação da administração pública eletrónica nos países em desenvolvimento e em situação de pós-conflito, com ênfase nas implicações para o Afeganistão. Com base nas limitações e conclusões do estudo, podem ser propostas várias sugestões para investigação futura, como se segue;

1) O estudo de investigação apenas recolheu dados de um número limitado de peritos (CIO, TI e gestão) do Governo e do sector privado devido a limitações de tempo e de recursos. Seria interessante alargar a rede e obter os pontos de vista do público em geral e dos membros dos sectores estudantil e não administrativo sobre o que consideram ser os factores críticos que impedem a implementação do e-govemment.
2) A recolha de dados limitou-se sobretudo a organizações sediadas na capital, Cabul, o que excluiu as instituições provinciais. Por conseguinte, poderia ser realizado um estudo que abrangesse uma população geograficamente mais diversificada, a fim de verificar a validade dos factores e das suas variáveis em cidades mais pequenas e em zonas rurais onde a presença federal (e o conceito de governo em geral) é menos difundida.

3) Uma vez que o presente estudo se centrou apenas na gestão do Governo e do sector privado, podem ser realizados outros estudos com a participação de ONG, bancos, universidades, partidos políticos e sociedades civis.

Conclusão

Os governos de todo o mundo estão sob a pressão da rápida globalização e das mudanças fiscais, sociais e tecnológicas para prestarem serviços centrados no cidadão, eficientes, transparentes, eficazes, de paragem única, a qualquer hora e sem paragens. Os países em situação de pós-conflito estão sob uma pressão ainda maior para criar tais serviços, uma vez que estes substituem o vazio causado pela violência e serão os únicos serviços oferecidos, em vez de serem simplesmente uma atualização das actuais ofertas governamentais que já satisfazem as necessidades dos cidadãos. A adoção da tecnologia é a forma mais eficiente de integrar os sectores público e privado e de prestar serviços com responsabilidade, transparência e eficiência, mas esta não é uma tarefa fácil, especialmente para os países em desenvolvimento. Este estudo de investigação analisa os desafios da implementação do governo eletrónico nos países em desenvolvimento e, em particular, no Afeganistão. Uma análise da literatura revela muitos desafios comuns aos países em desenvolvimento: falta de literacia em TIC, infra-estruturas incompletas, fosso digital entre a população rural pobre e a classe média urbana emergente, incerteza quanto à privacidade e segurança dos dados, ausência de políticas e legislação abrangentes em matéria de TIC, falta de uma cultura de TIC no governo e nas componentes tradicionais da economia, questões relativas ao compromisso financeiro contínuo do governo para com o projeto, sensibilização para o governo eletrónico, vontade dos ministérios de se empenharem na partilha de informações, ausência de liderança em matéria de TIC fora dos ministérios tecnologicamente orientados, resistência à mudança, falta histórica de coordenação intergovernamental e baixo envolvimento das partes interessadas são apenas alguns dos muitos desafios identificados.

O autor acredita que os países em desenvolvimento se apercebem da importância do governo eletrónico e consideram que a sua implementação é um instrumento fundamental para a estabilidade e o crescimento económicos, bem como para o desenvolvimento de um governo mais transparente e menos corrupto.

Os questionários do inquérito foram desenvolvidos com base nos desafios encontrados na análise da literatura. O questionário do inquérito foi traduzido para as línguas locais (pachto e dari) e uma versão inglesa serviu de indicador de controlo por um tradutor profissional local. Numa primeira fase, foi enviada uma versão piloto a 10 funcionários do Ministério das Comunicações e das TI. Após o período de certificação, o inquérito foi distribuído a 150 inquiridos que eram especialistas em vários domínios, tais como CIO, gestão e TI no Afeganistão.

Todos os inquiridos concordaram que o envolvimento das partes interessadas, a coordenação, a partilha de informações, a literacia em TIC, a sensibilização, a resistência à mudança, as TIC, as questões financeiras, a política das TIC, a liderança, a privacidade dos dados, a legislação, a cultura das TIC e a clivagem digital são alguns dos principais desafios para a implementação da administração pública em linha no Afeganistão. Os inquiridos (3,1412) sobre a segurança das TIC foram imparciais na sua resposta sobre a inclusão deste indicador nos desafios.

Muitos projectos são geridos pelo Ministério das Comunicações e das TI e, com a conclusão destes projectos, a maioria dos desafios identificados na análise do inquérito quantitativo será resolvida, embora o governo esteja também a procurar vigorosamente modificar a legislação e as políticas.

Tendo em conta a experiência dos países desenvolvidos e em desenvolvimento, este estudo destaca as seguintes iniciativas-chave a realizar em paralelo com os projectos em curso pelo Ministério das Comunicações e das TI (MCIT, E-govemment Strategy).

a) Devem ser implementados projectos-piloto em dois ministérios como bancos de ensaio antes da implantação geral, a fim de garantir a utilização eficiente do dinheiro necessário para os projectos de administração em linha. Isto terá dois benefícios: por um lado, poupará dinheiro em termos de projectos fracassados, tal como argumentado por (Heeks , 2003) *"A administração pública eletrónica nos países em desenvolvimento fracassa, sendo 35% classificados como fracassos totais (a administração pública eletrónica não foi implementada ou foi implementada mas imediatamente abandonada), e 50% como fracassos parciais (os principais objectivos não foram atingidos e/ou houve resultados indesejáveis)"*. Por outro lado, em caso de sucesso, ajudará a criar confiança e sensibilização entre os cidadãos e os funcionários públicos.

b) Simplificação dos processos empresariais BPR[5] em dois ministérios como melhor caso para outros. Os processos governamentais são, por vezes, procedimentos manuais ad hoc herdados e é muitas vezes difícil integrar a tecnologia nestas práticas não normalizadas. O mapeamento e a reformulação dos processos empresariais permitirão a normalização de práticas eficientes, que podem então tornar-se parte de uma solução automatizada para o ministério afetado e os seus constituintes.

c) Uma liderança nacional forte e empenhada, como a que se verifica na Coreia do Sul (que ocupa o primeiro lugar no Índice de Governo Eletrónico "e-GDI" do mundo), permite à Coreia usufruir de uma economia melhor com baixo desemprego. A razão de ser de uma liderança forte e empenhada sob a mais alta autoridade executiva é, em grande medida, política; uma agência não pode pressionar outra agência a integrar os seus serviços utilizando as TIC, a menos que haja um entendimento de que a integração é uma prioridade dos níveis mais elevados da hierarquia da nação.

d) Envolvimento das partes interessadas do sector académico, dos bancos e das ONG e, se for caso disso, desenvolvimento de um modelo de parceria público-privada (PPP). Tal contribuirá para acelerar o desenvolvimento do governo eletrónico e para a sustentabilidade financeira dos projectos.

e) Isenção de todos os impostos sobre o equipamento de base de TIC, o que contribuirá para diminuir os preços do equipamento de TIC no mercado, o que se traduzirá numa maior acessibilidade dos preços no extremo inferior do espetro económico, numa maior literacia em matéria de TIC e numa maior adoção do e-gov.

f) Incentivos à participação das empresas locais de TIC através da concessão de subvenções. Tal pode contribuir para melhorar a cultura das TIC, o desenvolvimento das capacidades, a

---

[5]"A reengenharia de processos empresariais (RPN) é a análise e a reformulação do fluxo de trabalho nas empresas e entre elas" (http://searchcio.techtarget.com/definition/business-process-reengineering).

sensibilização e o ambiente competitivo das TIC, o que pode dar origem a novas iniciativas.

g) Desenvolver uma infraestrutura TIC normalizada para utilização por todas as administrações públicas. medida que o governo eletrónico amadurece e a sua adoção aumenta, a pressão sobre a infraestrutura aumenta muitas vezes. Por conseguinte, recomenda-se a criação de uma infraestrutura sólida e normalizada desde o início, uma vez que a sua substituição (ou a tentativa de engenharia inversa de uma solução integrada) no futuro será muito difícil.

h) Integrar a formação em TIC no currículo escolar, começando antes do ensino secundário. O Afeganistão é um país que sofre as consequências de um conflito prolongado e brutal. Com falta de capital e de infra-estruturas, a melhor esperança de emprego para a primeira geração pós-conflito está no sector global das TIC. Sendo o principal instrumento de desenvolvimento económico e social, é fundamental que os jovens afegãos recebam formação adequada para participarem neste motor do emprego global e do crescimento económico. Além disso, a utilização das TIC exporá os jovens afegãos, anteriormente isolados, às ideias vindas de fora do país, evitando o isolamento que condenou muitos dos seus antecessores a vidas de pobreza, ignorância e violência.

i) Apoiar fortemente as indústrias de desenvolvimento de software e de aplicações no país. medida que o e-govemment amadurece, aumenta a necessidade de software complicado e com requisitos locais. O software de prateleira não pode responder a estas necessidades, pelo que será necessário que o governo trabalhe em estreita colaboração com parceiros locais para fornecer as soluções integradas necessárias para servir os cidadãos.

j) Realização de uma vasta gama de programas de formação para os sectores público e privado, bem como para os cidadãos, em três categorias: 1) formação profissional; 2) formação ao nível dos administradores; 3) formação ao nível dos operadores.

Estas recomendações foram baseadas na revisão da literatura, em estudos de casos de outros países e nas observações do autor relativamente ao desenvolvimento das TIC no Afeganistão. A abordagem destas questões e a aprendizagem com outras experiências em todo o mundo permitirão a adoção do e-gov no Afeganistão.

Referência:

Alam, M., Ahmed, K. & Islam, A. M. (2007).e-govemance: challenges and opportunities.Theory and practice of electronic govemance.Cayro, 2-4 dezembro, 2008.

Nasim Qaisar, H. G. (2010). E-Govemment Challenges in Public Sector:A case study ofPakistan. IJCSI International Journal of Computer Science Issues, Vol. 7, Issue 5,, 8.

OCDE. (213). IMPLEMENTING E-GOVERNMENT IN OECD COUNTRIES:. http://webdominol .oecd.org/COMNET/PUM/egovproweb.nsf, 9.

Dardha, N. V. (2004). E-Govemment for developing countries: opportunities and challenges. The Electronic Journal on Infromation Systems in Developing Countries, http:www.ejisdc.org, 24.

Drew, M. A. (2010). Implementation of e-Govemment:Advantages and Challenges,. ACTAS DA CONFERÊNCIA IASK E-ALT2010 , 8.

ITU. (2008). Governo eletrónico para os países em desenvolvimento. www.itu.int/ITU-D/cyb/app/e-gov.html.

UNU-IIST. (2008, 1-3 de julho). UNeGov.net shcool on Foundation, Planing Module-Kabul,AFGHANISTAN (ficheiro PPT - UNDESA,OECD "e-Gov Maturity".). Cabul, Cabul, Afeganistão

ISG. (2005). Designing and Implementing e-Govemment: Key Issues, Best Practices and Lessons Learned, e-govemment practice at the information solution group ,17.

Rangarirai Matavire, W. C. (2010). Desafios da implementação do projeto eGovemment num contexto sul-africano. The Electronic Journal Information Systems Evaluation Volume 13 Issue 2 2010, (ppl53 - 164), 12.

Zamira Dzhusupova, T. J. (2011, Jan). Sustentação de programas de governação eletrónica em países em desenvolvimento. Actas da Conferência Europeia sobre e-Govemment; 2011, p203 ' - ,2

Alam, M. (2007). E-Govemance: Scope and Implementation Challenges in Bangladesh. Conferência internacional sobre teoria e prática da governação eletrónica. ICEGOV '07. Macau 2007.

Ndou, V.D. (2004) E-Govemment for Developing Countries: Opportunities and Challenges, The Electronic Journal of Information Systems in Developing Countries, 18, 1, 124.

Zeleti, F. A. (2010). OS PROGRESSOS E OBSTÁCULOS DA IMPLEMENTAÇÃO E MELHORIA DO GOVERNO ELECTRÓNICO NA REPÚBLICA ISLÂMICA DO IRÃO. Lappeenranta: UNIVERSIDADE DE TECNOLOGIA DE LAPPEENRANTA.

Ndou, V.D. (2004) E-Govemment for Developing Countries: Opportunities and Challenges, The Electronic Journal of Information Systems in Developing Countries, 18, 1, 124.

Hajed Al-Rashidi. (2010). Examinar os Desafios Internos à Implementação do E-Govemment na Perspetiva dos Utilizadores do Sistema. Conferência Europeia e Mediterrânica sobre Sistemas de Informação 2010 (EMCIS2010), 8.

Fallahi, M. (2007). The Obstacles and Guidelines ofEstablishing E-govemment in Iran.

Vishanth Weerakkody, Y. K. (2009). Implementing E-Govemment in Sri Lanka:Lessons from the UK [Implementação do governo eletrónico no Sri Lanka: lições do Reino Unido]. 23.

Paul T. Jaeger, K. M. (2003). E-govemment around the world: Lessons, challenges, and future directions. Universidade do Estado da Florida, Escola de Estudos da Informação, Instituto de Gestão e Política da Utilização da Informação,.

Cecchini, S. e Raina, M. (2004) Electronic Government and the Rural Poor: The Case of Gyandoot, Tecnologias da Informação e Desenvolvimento Internacional, 2, 2, 65-75.

Rangarirai Matavire, W. C. (2010). Desafios da implementação do projeto eGovemment num contexto sul-africano. The Electronic Journal Information Systems Evaluation Volume 13 Issue 2 2010, (ppl53 - 164), 12.

Vishanth Weerakkody, Y. K. (2009). Implementing E-Govemment in Sri Lanka:Lessons from the UK [Implementação do governo eletrónico no Sri Lanka: lições do Reino Unido]. 23.

Rangarirai Matavire, W. C. (2010). Desafios da implementação do projeto eGovemment num contexto sul-africano. The Electronic Journal Information Systems Evaluation Volume 13 Issue 2 2010, (ppl53 - 164), 12.

Mm-Shiang HWANG, C.-T. L.-J.-P. (2004). DESAFIOS DA ADMINISTRAÇÃO PÚBLICA ELECTRÓNICA E SEGURANÇA DA INFORMAÇÃO . INFORMAÇÃO E SEGURANÇA. An International Journal, Vol.15, No.l, 2004, 9-20. , 12.

BASU, S. (2004). O governo eletrónico e os países em desenvolvimento. INTERNATIONAL REVIEW OF LAW COMPUTERS,&TECHNOLOGY, VOLUME 18, NO.l, PAGES 109132, MARÇO 2004,25.

Latinovic, D. D. (2007). GOVERNAÇÃO ELECTRÓNICA NA REPÚBLICA DA SRPSKA - DESAFIOS E PERSPECTIVAS. A Multi-Disciplinary Journal ofFood Science , 10.

Telecommunity, A.-P. (2012). IMPLEMENTAÇÃO DA ADMINISTRAÇÃO PÚBLICA ELECTRÓNICA NOS PAÍSES EM DESENVOLVIMENTO DA ÁSIA-PACÍFICO E SEUS DESAFIOS E OBSTÁCULOS. Bankok: ASTAP/REPT 5 (ASTAP20, Banguecoque, 2012).

Drew, M. A. (2010). Implementation of e-Govemment:Advantages and Challenges,. ACTAS DA CONFERÊNCIA IASK E-ALT2010.

Fuchs, C., e Horak, E. (2008) "Africa and the digital divide", Telematics and Informatics, Vol25,

Dada, D. (2006). O fracasso do e-govemment nos países em desenvolvimento. A revista eletrónica sobre sistemas de informação nos países em desenvolvimento, 10.

Ali, M., Weerakkody, V. & El-Haddadeh, R., 2OO9.The Impact of National Culture on E-Govemment Implementation.

Nasim Qaisar, H. G. (2010). E-Govemment Challenges in Public Sector:A case study ofPakistan. IJCSI International Journal of Computer Science Issues, Vol. 7, Issue 5,, 8

Alam, M., Ahmed, K. & Islam, A. M. (2007).e-govemance: challenges and opportunities.Theory and practice of electronic govemance.Cayro, 2-4 dezembro, 2008.

Khan, S. (2009). ICT and Education in Bangladesh.[Online], 05 de dezembro de 2009. Disponível emsaburkhan.mfohttp://saburkhan.info/index.php?option=com_content&view=article&id=3 58: ict-and-ducation-in-bangladesh&catid=44:it education&Itemid=73

Nkwe, N. (2012, setembro). E-Govemment: Challenges and Opportunities in Botswana. Revista Internacional de Humanidades e Ciências Sociais , 10.

Zeleti, F. A. (2010). OS PROGRESSOS E OBSTÁCULOS À IMPLEMENTAÇÃO E MELHORIA DA ADMINISTRAÇÃO PÚBLICA ELECTRÓNICA NA REPÚBLICA ISLÂMICA DO IRÃO. Lappeenranta: UNIVERSIDADE DE TECNOLOGIA DE LAPPEENRANTA.

Vishanth Weerakkody, Y. K. (2009). Implementing E-Govemment in Sri Lanka:Lessons from the UK [Implementação do governo eletrónico no Sri Lanka: lições do Reino Unido]. 23.

Mahsa, F. &. (2007). The Obstacles and Guidelines of Establlishing e-govemment in IRAN. Universidade de Tecnologia de Lule, 157.

Hajed Al-Rashidi. (2010). Examinar os Desafios Internos à Implementação do E-Govemment na Perspetiva dos Utilizadores do Sistema. Conferência Europeia e Mediterrânica sobre Sistemas de Informação 2010 (EMCIS2010), 8.

Md. Shariful Alam, M. S. (2010). Problemas na implementação de sistemas de e-govemance em países em desenvolvimento. Universidade de BORAS, Escola de Negócios e Informática, www.hb.se/ida.

M. Alshehri, S. D. (2010). Implementation of e-Govemment:Advantages and Challenges (Implementação do Governo Eletrónico: Vantagens e Desafios). ACTAS DA CONFERÊNCIA IASK E-ALT2010 , 8.

O'Sullivan, R. &. Research Method for Public Administrators. PEARSON-Intemation Edition.

Page, B. T. (13 de fevereiro de 2009). E-govemment na Estónia - um modelo para os EUA http://ohmvgov.com/

MCIT. (n.d.). Estratégia de Governo Eletrónico. Retrieved 05 03, 2013, from Ministry of Communication & IT http://mcit.gov.af/en/page/5670: www.mcit.gov.af

UNU-IIST. (n.d.). Recuperado em 5 de julho de 2014, de United Nation University: http://egov.iist.unu.edu/cegov/projects/EGOV.AF-e-Govemment-in-Afghanistan

yes
I want morebooks!

Buy your books fast and straightforward online - at one of world's fastest growing online book stores! Environmentally sound due to Print-on-Demand technologies.

Buy your books online at
www.morebooks.shop

Compre os seus livros mais rápido e diretamente na internet, em uma das livrarias on-line com o maior crescimento no mundo! Produção que protege o meio ambiente através das tecnologias de impressão sob demanda.

Compre os seus livros on-line em
www.morebooks.shop

Printed by Books on Demand GmbH, Norderstedt / Germany